U0345671

DK便便去哪里？

[英] 乔·林德利 著

陈彦坤 译

电子工业出版社·

Publishing House of Electronics Industry

北京·BEIJING

便便冲走之后会发生什么？

嗒哒，变！

按下马桶上的冲水按钮，或者拉动把手，便便立刻消失不见了。好神奇，就像魔法一样。

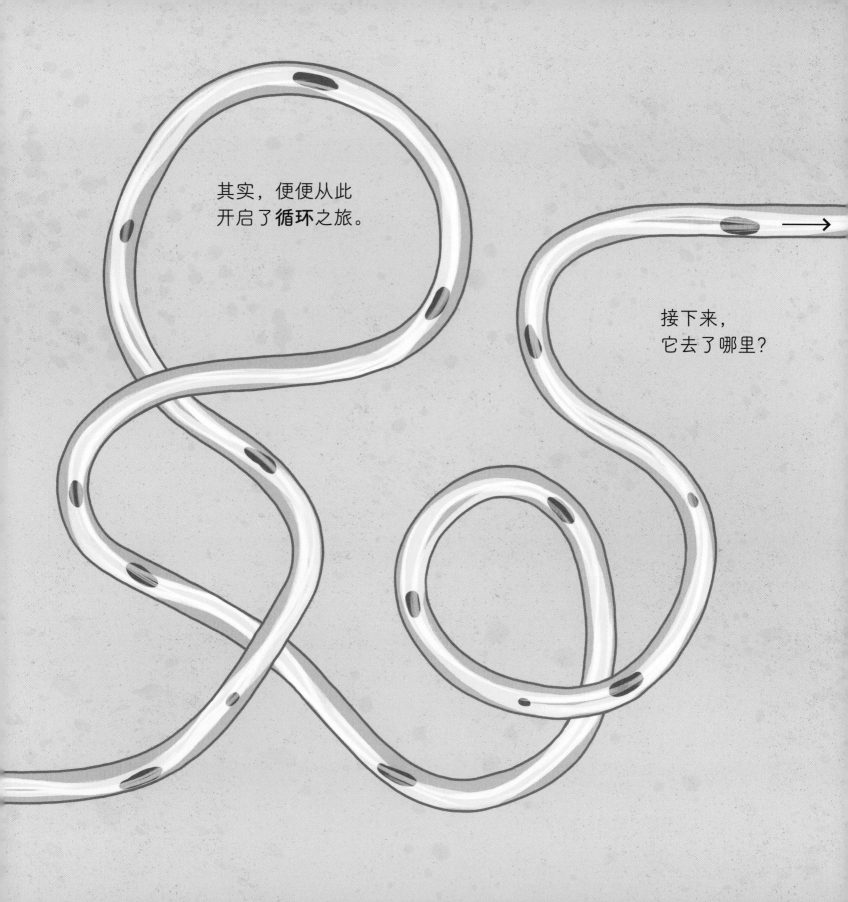

便便旋转着穿过家庭污水管
道，来到了**下水道**——更粗
且深埋地下的管道中。

邻居的便便同样
如此……

邻居的邻居的便便
也不例外……

下水道

还有邻居的邻居的
邻居的便便！

污水

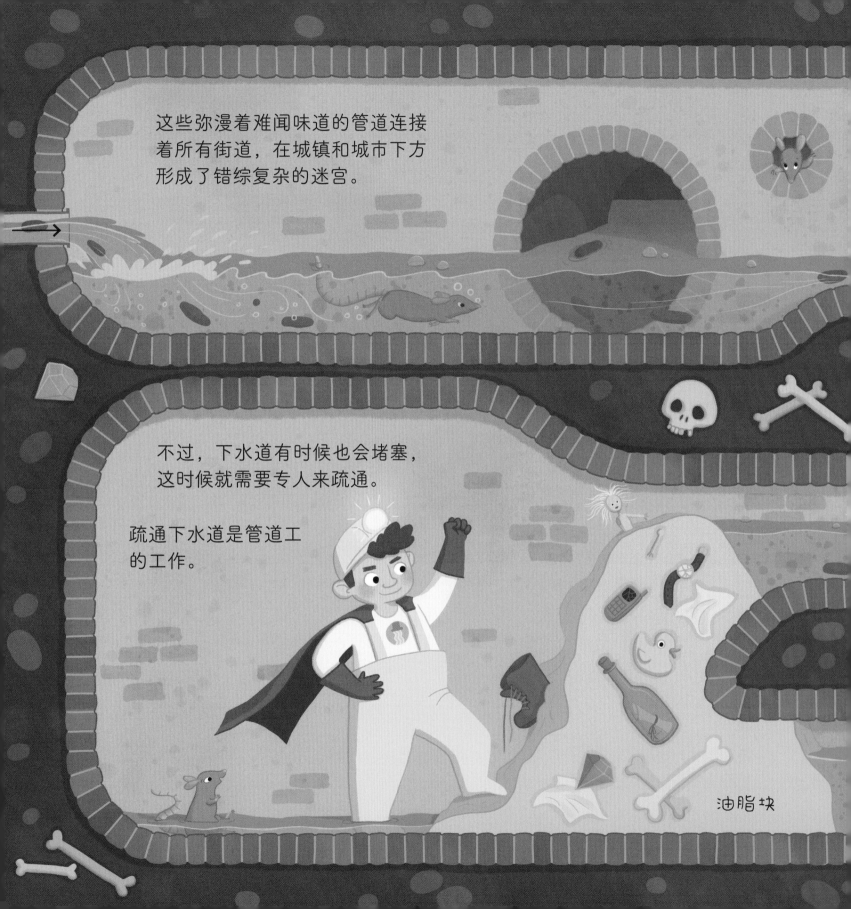

这些弥漫着难闻味道的管道连接着所有街道，在城镇和城市下方形成了错综复杂的迷宫。

不过，下水道有时候也会堵塞，这时候就需要专人来疏通。

疏通下水道是管道工的工作。

油脂块

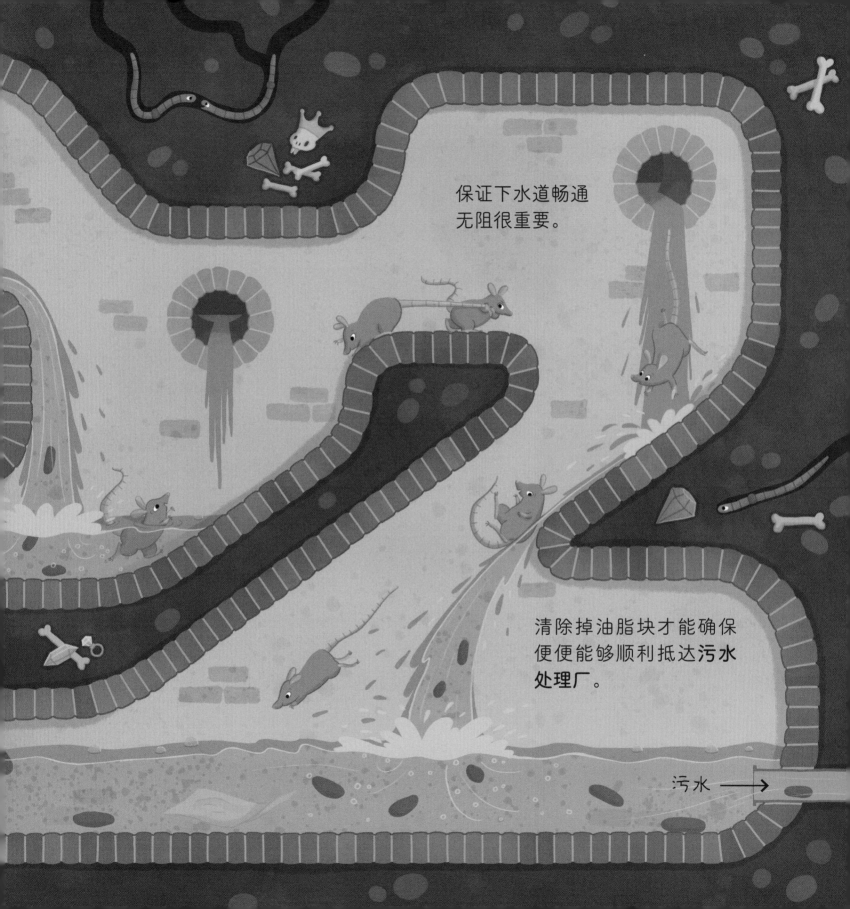

保证下水道畅通无阻很重要。

清除掉油脂块才能确保便便能够顺利抵达污水处理厂。

污水 →

进入污水处理厂的污水必须接受净化处理，而净化的第一步是清理所有不应该进入下水道的东西。

首先，污水必须通过格网。格网就像固定在传送带上的一张巨型滤网，可以筛出各种无法被溶解的物品，例如尿布、湿纸巾甚至假牙等。

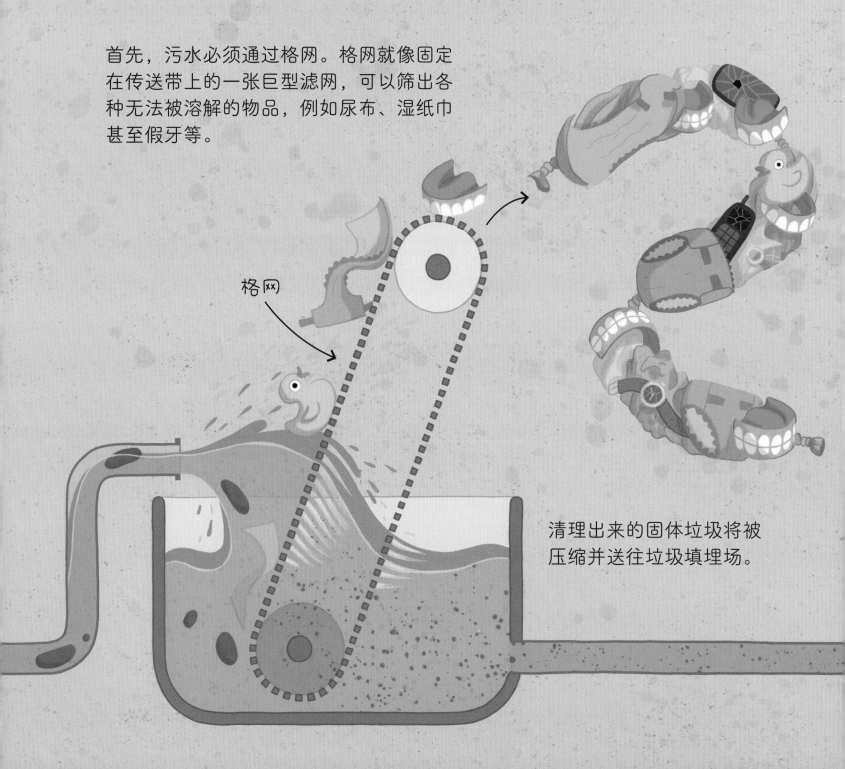

格网

清理出来的固体垃圾将被压缩并送往垃圾填埋场。

经过格网的污水被泵入到一个水池里，在这里水和便便将被分离：水升到上层，
便便下沉到底层，形成**污泥**。黑乎乎的污泥将被掏出并**回收**再利用。

关于污泥的内容我们一会儿再说，
先关注水里要进行的"战斗"……

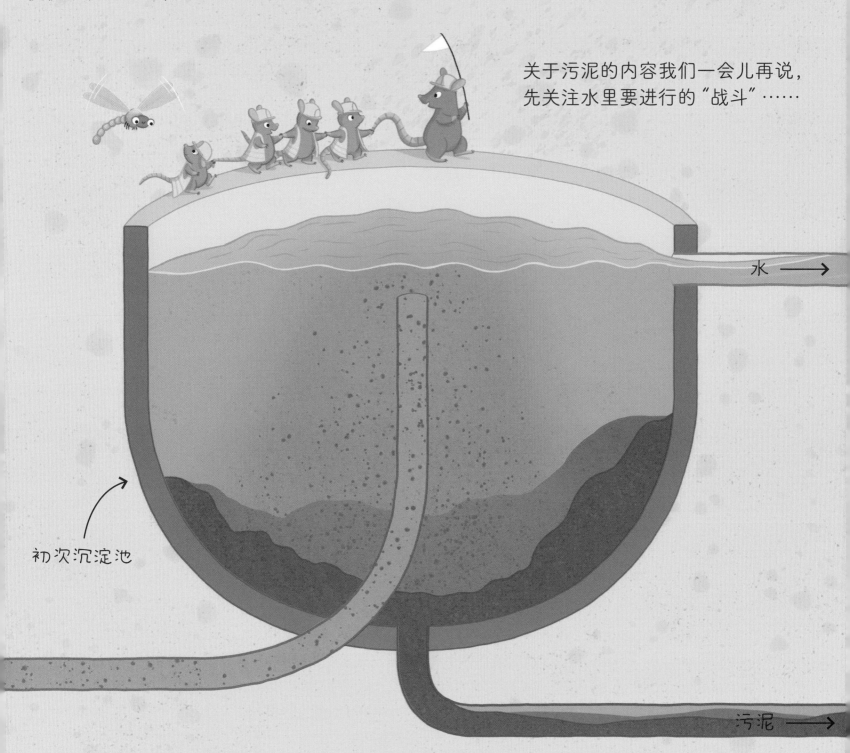

初次沉淀池

水 ⟶

污泥 ⟶

微生物之战！

虽然沉淀之后的水看起来很清澈，但其实水中充满了细菌——好的细菌、坏的细菌都有！污水处理厂的工作人员会向水中注入泡沫。这是为什么呢？因为泡沫中携带着大量有益菌，可以吞噬有害菌。

生物处理

"吃"饱了的有益菌下沉到二次沉淀池的底部。

在这里，有益菌要么休息片刻，然后重返战场，要么成为污泥的一部分，
进入便便循环旅程的下一站。

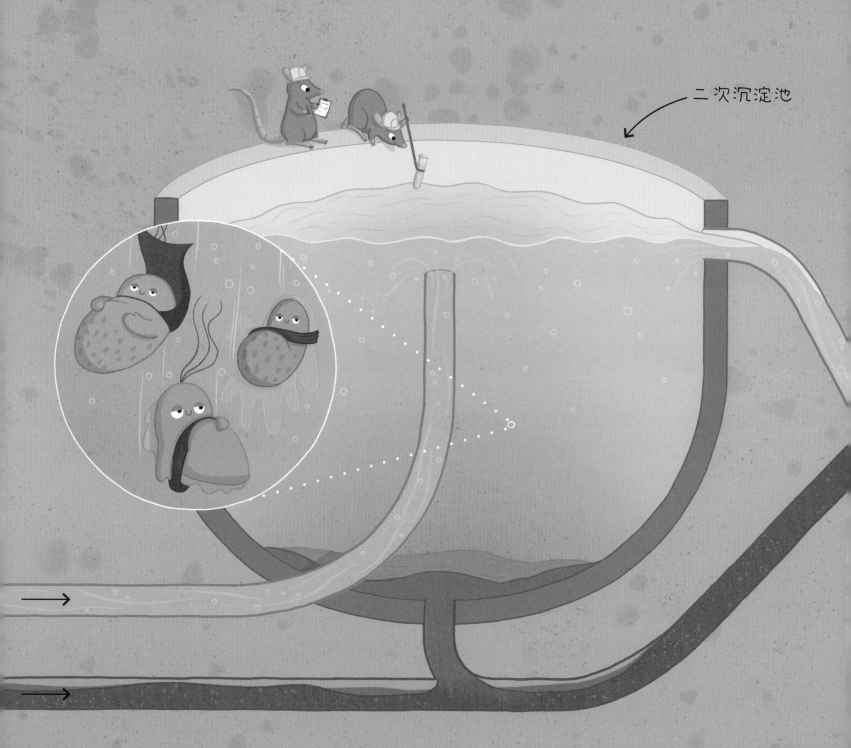

二次沉淀池

污泥和残留的细菌一同被送到名叫厌氧消化池的大罐子中。厌氧消化池长期保持与我们体温相近的温度，因为这个温度最适宜物质**消化分解**。

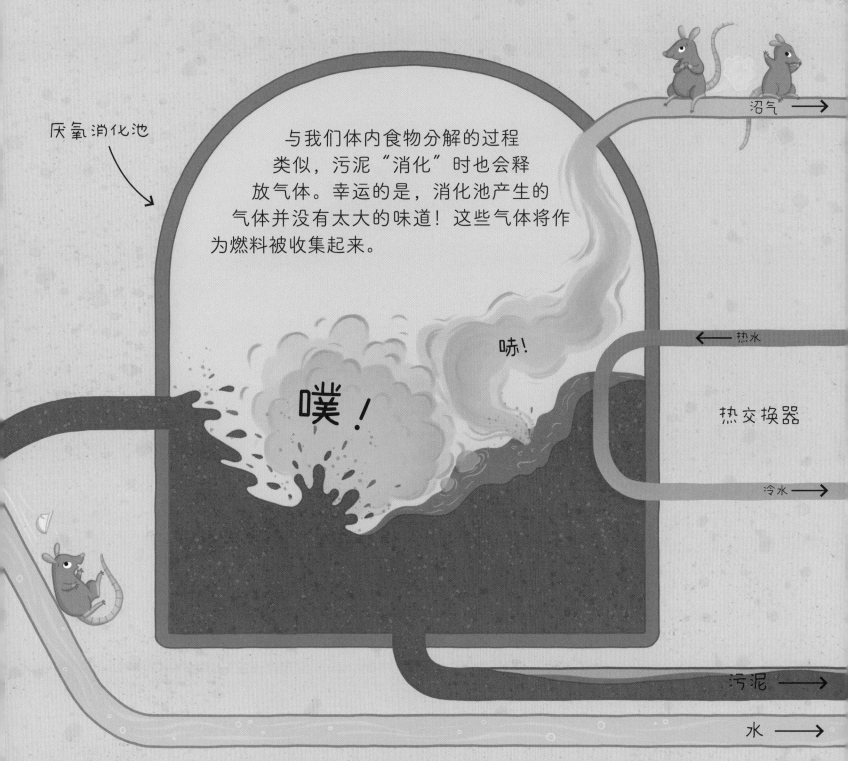

沼气 →

厌氧消化池

与我们体内食物分解的过程类似，污泥"消化"时也会释放气体。幸运的是，消化池产生的气体并没有太大的味道！这些气体将作为燃料被收集起来。

哧！

← 热水

噗！

热交换器

冷水 →

污泥 →

水 →

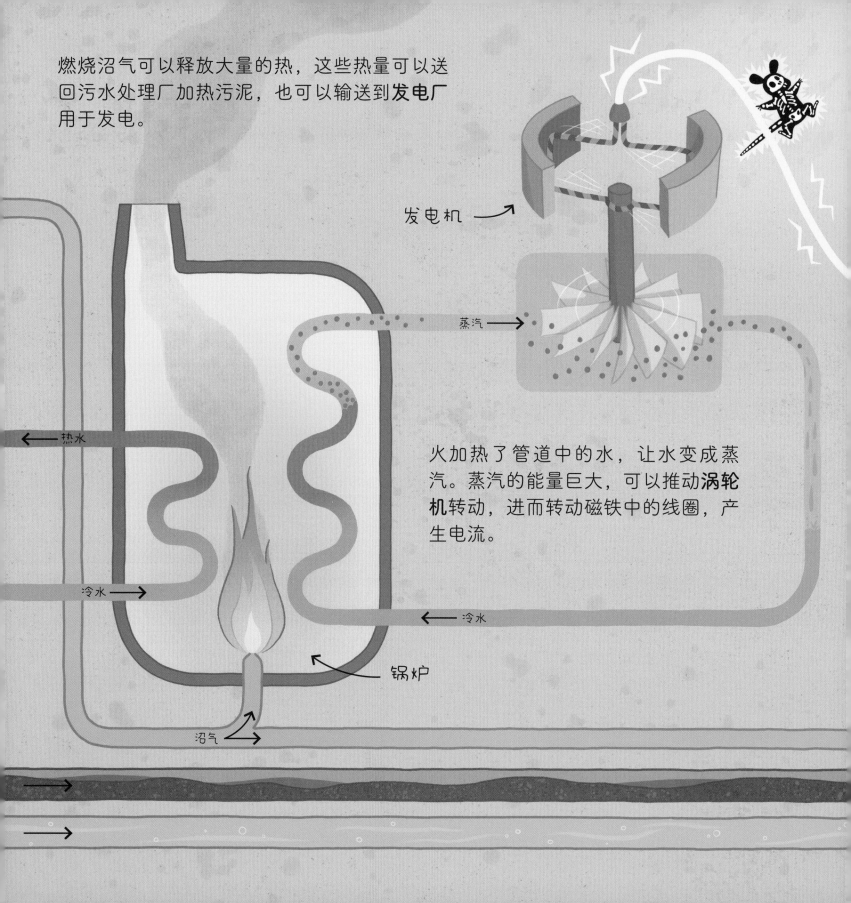

燃烧沼气可以释放大量的热，这些热量可以送回污水处理厂加热污泥，也可以输送到**发电厂**用于发电。

发电机

蒸汽

火加热了管道中的水，让水变成蒸汽。蒸汽的能量巨大，可以推动**涡轮机**转动，进而转动磁铁中的线圈，产生电流。

热水

冷水

冷水

锅炉

沼气

电的用途十分广泛，可以为污水处理厂提供动力，也可以通过电缆输送到千家万户，用于点亮电灯，驱动各类机器、工具以及电器等。

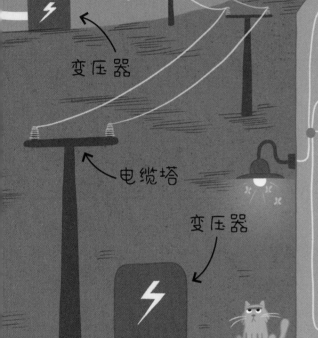

变压器

电缆塔

变压器

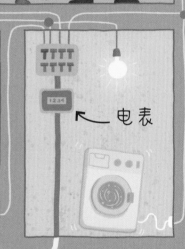

电表

有"味道"的电视

也就是说今晚电视消耗的能量可能来自便便！

沼气 ⟶

污泥 ⟶

水 ⟶

如果沼气被净化到只含有一种叫作甲烷的化学物质的话，它就可以被用来做更多的事情。

洗涤塔

沼气

净化后的沼气可以通过管道输送到各家各户的厨房里。

你注意到了吗？烹饪食物时锅底的火焰是蓝色的。

嗯，这就是甲烷燃烧时的颜色！

净化后的沼气也可以作为车辆的燃料。甲烷燃料比汽油或者柴油这些普通燃料更加环保。

便便巴士

甲烷

这只是气体部分，
不要忘了还有……

污泥 ⟶

水 ⟶

污泥

压滤机

离心机

这是消化池底部的污泥。这些污泥富含营养，但因为含水量太高而无法直接使用。人们使用离心机来去除污泥中的水。离心机的原理类似洗衣机，可以通过高速旋转清理多余的水。

污泥中剩余的水都被甩出去了，剩下的松软易碎的
物质就是污水淤泥肥料，英文直译叫作污泥饼（cake）。

不过，这显然**不是**人们喜欢的饼，因为它的味道非常**可怕**！

这些是植物喜欢的食物。

农场

水 ⟶

有些农田使用污泥饼作为肥料。下一次，在抱怨农田难闻的气味之前，
不妨想一想：这个臭味可能来自你的便便！

污泥饼可以滋养植物，让农作物变得高大而健壮——就像营养均衡的你一样。

便便的旅程到此就告一段落了。现在，我们继续关注水尚未结束的旅程……

营养

水 ⟶

……现在，污水已经被处理干净了，是时候排入河流了。

在温暖的阳光照射下，有些水变成了透明的水蒸气。水蒸气上升得越高，周围的温度就越低，于是它们重新凝结，变成了微小的水滴。

热

蒸发

水蒸气

小水滴不断碰撞聚合，形成了云。
云不断堆积，直到……

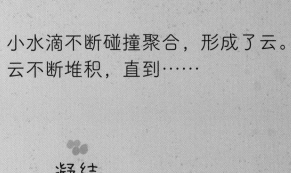

凝结

降水

哗啦！　噼啪！

水滴作为雨掉落到地面，再次汇入河流。

水 ──→

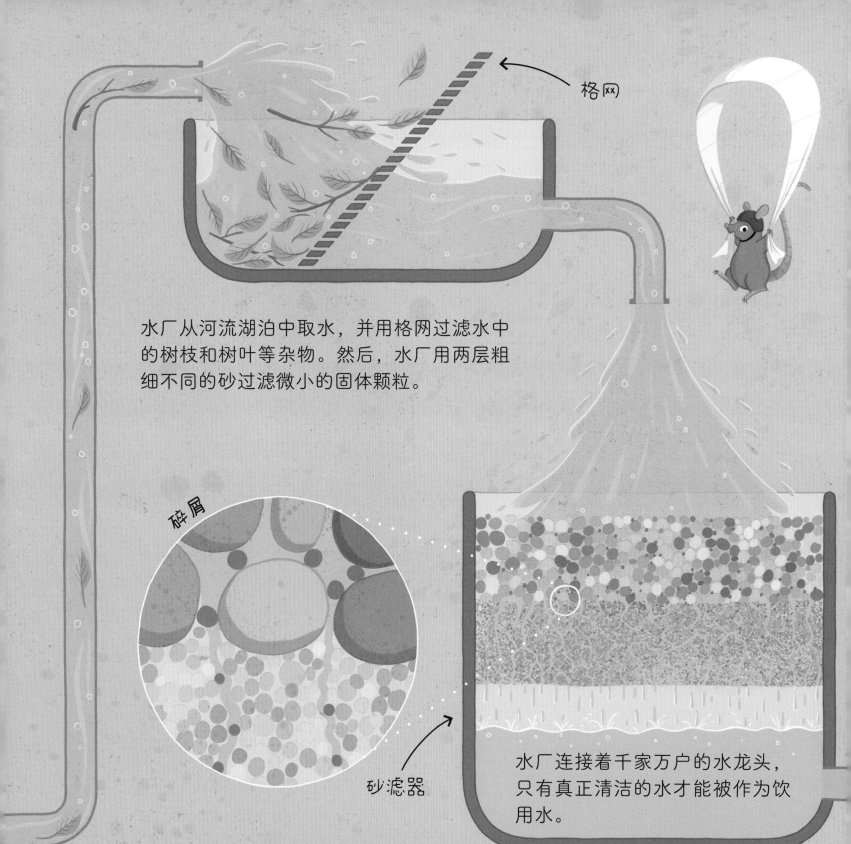

格网

水厂从河流湖泊中取水，并用格网过滤水中的树枝和树叶等杂物。然后，水厂用两层粗细不同的砂过滤微小的固体颗粒。

碎屑

砂滤器

水厂连接着千家万户的水龙头，只有真正清洁的水才能被作为饮用水。

所以，水厂必须杀死水中四处游荡的细菌。水厂在水中加入少量有味道的氯来消灭细菌。人们也会往游泳池中添加氯，来消毒泳池中的水。

最后，水通过**供水管网**进入到
千家万户。

总之，便便的消失与魔法**完全无关**！高效智能的污水处理系统可以
清理便便，把它们变废为宝（例如用来发电和制造燃料），甚至还
能让污水恢复洁净。

要完成整个循环，你要做的只是按下马桶上的冲水按钮，或者拉动
把手。

下一次冲马桶时，记得向离别的便便说
一声"再见"，或许你们会以不同的形
式再次见面。

便便……

（现在，你该
去洗手了。）

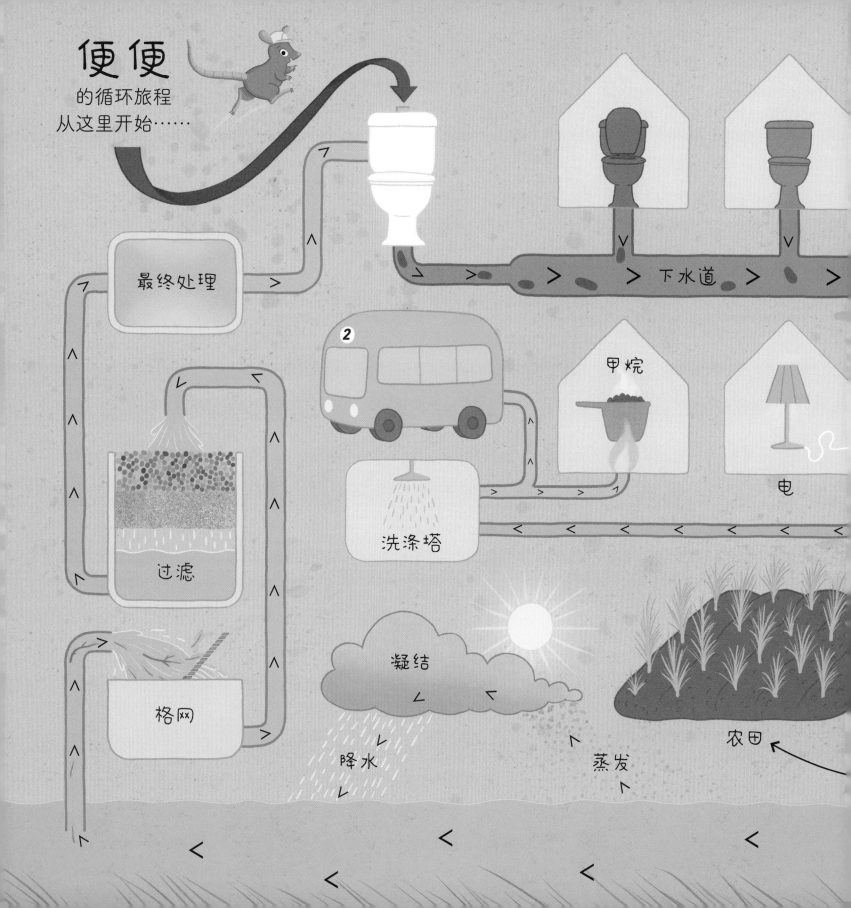

送往垃圾填埋场

初次沉淀池

格网

厌氧
消化池

污泥
回流泵

生物处理

发电厂

二次沉淀池

压滤机

离心机

污泥饼

河流

术语表

细菌
十分微小的简单生命形式，必须借助显微镜才能被看到。

污泥饼
干燥的污水淤泥肥料。

氯
加入水中的一种化学物质，用于确保饮用水或游泳用水的安全。

循环
一组顺序发生并不断往复的动作。

消化
将食物分解为更小形式的过程。例如，我们每天吃下大量的食物，这些食物在体内分解，残渣最终作为粪便排出。

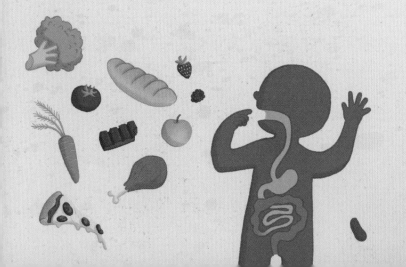

油脂块
卡在下水道中的巨大烹饪油脂块。所有不应该丢入马桶的物品都会成为组成油脂块的材料。

过滤器
具有大量小孔，可以在水流经过时去除其中较大微粒的物品。

燃料
可以通过燃烧释放能量的材料。

气体
空中存在的无色物质。例如，水在升温过程中可以获得能量，部分水分子以气体的形式升入空中。

垃圾填埋场
用于掩埋垃圾的地点。

磁铁
可以吸引其他金属靠近的一种金属。

甲烷
污泥分解过程中产生的一种气体。类似人体在消化过程中生成并从肛门排出的臭臭的气体（屁）。

网
大量线条或通道（例如道路或下水道）相互连接，形成网。

营养
污泥饼中帮助植物生长的物质。

发电厂
生产电的工厂。

回收
收回废物或垃圾为它们寻找新的用途。

下水道
连接建筑物并向污水处理厂运送污水、粪便和雨水的地下管道。

下水道管道工
以清理油脂块、保持下水道畅通为职责的工人，是下水道能顺利向污水处理厂输送污水和便便的保障。

污水处理厂
清洁下水道输送来的污水并清理其中的便便进而再利用（发热、发电和制肥等）的工厂。

污泥
本书中指便便与水的混合物。

蒸汽
液体加热后形成的气态物。

涡轮机
通过蒸汽、水或空气驱动的一种设备。

关于乔·林德利

绘画是乔的童年记忆中最浓墨重彩的那部分。她的画笔似乎永远都停不下来，父母买来的画笔总是不够用。

进入大学之后，建筑学（设计建筑物）取代了画画，她的作品变成了工程图纸。直到一个愉快的午后，乔重新找回了涂鸦的乐趣，并且从此一发不可收拾。现在，她称呼自己是建筑画家（建筑师与画家的结合）。

乔的幽默总带着点孩子气。她不认为便便笑话是自己的最爱，但排名绝对不会掉出前两名。加上工作（设计建筑物）中总免不了要与马桶、排污管打交道，编写便便相关主题的图书对乔来说称得上水到渠成。

Original Title: Where Does My Poo Go?
Copyright © Dorling Kindersley Limited, London, 2021
A Penguin Random House Company

本书中文简体版专有出版权由Dorling Kindersley Limited授予电子工业出版社，未经许可，不得以任何方式复制或抄袭本书的任何部分。

版权贸易合同登记号　图字：01-2021-5322

图书在版编目（CIP）数据

DK便便去哪里？/（英）乔·林德利（Jo Lindley）著；陈彦坤译. --北京：电子工业出版社，2022.3
ISBN 978-7-121-42438-0

Ⅰ.①D… Ⅱ.①乔… ②陈… Ⅲ.①粪便处理—少儿读物 Ⅳ.①X705-49

中国版本图书馆CIP数据核字（2021）第241697号

责任编辑：张莉莉
印　　刷：惠州市金宣发智能包装科技有限公司
装　　订：惠州市金宣发智能包装科技有限公司
出版发行：电子工业出版社
　　　　　北京市海淀区万寿路173信箱　邮编：100036
开　　本：889×1194　1/12　印张：3　字数：7.7千字
版　　次：2022年3月第1版
印　　次：2023年6月第2次印刷
定　　价：58.00元

凡所购买电子工业出版社图书有缺损问题，请向购书店调换。若书店售缺，请与本社发行部联系，联系及邮购电话：（010）88254888，88258888。

质量投诉请发邮件至zlts@phei.com.cn，盗版侵权举报请发邮件至dbqq@phei.com.cn。
本书咨询联系方式：（010）88254161转1835，zhanglili@phei.com.cn。

For the curious
www.dk.com